Angelika Kipp

Weihnachtliches Falten & Schneiden

Bandornamente aus Tonpa

frechverlag

Von der beliebten Autorin Angelika Kipp sind im frechverlag weitere fröhliche Bücher erschienen. Hier eine Auswahl:

TOPP 1829

TOPP 1835

TOPP 1834

TOPP 1833

TOPP 1572

TOPP 1968

Zeichnungen: Berthold Kipp
Fotos: frechverlag GmbH + Co. Druck KG, 70499 Stuttgart; Fotostudio Ullrich & Co., Renningen

Auflage: 5. 4. 3. 2. 1. | Letzte Zahlen
Jahr: 1999 98 97 96 95 | maßgebend

ISBN 3-7724-1969-0 · Best.-Nr. 1969
Druck: frechverlag GmbH + Co. Druck KG, 70499 Stuttgart

Weihnachtliches Falten und Schneiden – das heißt einfach, sein Lieblingsmotiv aussuchen, auf gefaltetes Tonpapier übertragen und einmal ausschneiden! Fertig sind einfarbige Bandornamente, die am Fenster, auf weihnachtlichem Briefpapier, an der Wand, auf dem festlichen Kaffeetisch oder auf dem Fensterbrett eine stimmungsvolle Atmosphäre bieten.

Dabei ist das Basteln so einfach, daß selbst kleinere Kinder mitschneiden können – nicht einmal Klebstoff ist gefragt, denn die Motive sind ja in einem Stück gearbeitet und wirken allein durch ihre Schlichtheit!

Ob fröhlich-verspielt oder festlich-filigran, ob in Rot, Weiß oder Gelb, ob mit winterlichen oder mit weihnachtlichen Motiven, hier heißt's einfach nur: Falten und Schneiden, und die Weihnachtsglocken können die Festtage einläuten!

Viel Spaß beim Basteln!

Angelika Kipp

Arbeitsmaterial

- Tonpapier
- Transparent- oder Butterbrotpapier
- Schere, evtl. Nagelschere
- Bastelmesser
- Schneideunterlage
- weicher und harter Bleistift
- Lineal
- Klebestreifen
- Lochzange
- Filzstifte

Tips und Tricks

Tonpapier

Verwenden Sie für die weihnachtlichen Bandornamente unbedingt Tonpapier oder entsprechend dünnes Schreibpapier; es ist ein herrliches Material, das in vielen Farben erhältlich ist. Da Tonkarton sich durch größere Stabilität auszeichnet, ist er für diese Arbeiten weniger geeignet.

Das Ausschneiden

Je weniger Lagen Tonpapier gefaltet sind, um so einfacher wird das exakte Ausschneiden des Motives. Wenn Sie mit kleineren Kindern basteln wollen, sollte das Papier deshalb höchstens dreimal gefaltet sein.

Die Kleinen verwenden zum Ausschneiden eine Kinderschere, Erwachsene arbeiten mit einer spitzen, scharfen Schere, einer Nagelschere oder – auf entsprechender Unterlage – mit einem Bastelmesser.

Zeichenerklärung

(siehe dazu Vorlagenbogen)

Höhe eines Motives

Breite eines Motives

Schnittlinie

Deckungsgleiches Arbeiten

Falls Sie keine Lochzange zur Hand haben, zeichnen Sie die Augen mit einem Filzstift auf. Sie sollten dabei unbedingt darauf achten, daß Sie auf der Vorder- und Rückseite absolut deckungsgleich arbeiten – dünnes Papier scheint durch!
Zeichnen Sie zunächst die Innenlinien auf die Vorderseite Ihres Bandornamentes. Dann halten Sie die Bastelarbeit bei Tageslicht gegen eine Fensterscheibe. So ist das bereits Aufgezeichnete gut zu erkennen, und man kann es absolut deckungsgleich auf die Rückseite übertragen.

Das Aufhängen

Befestigen Sie Ihre Bastelarbeit mit einigen Klebestreifen an der Fläche Ihrer Wahl! Oder lassen Sie sich von den Abbildungen inspirieren, wie Sie Ihre Bandornamente auch anders dekorativ einsetzen können!

Schritt für Schritt erklärt

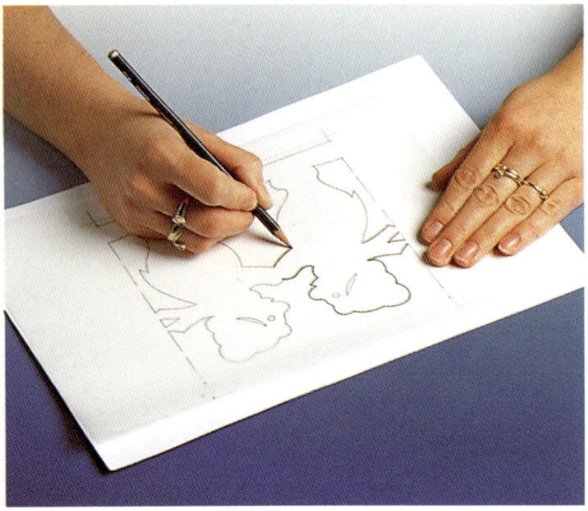

1 Nehmen Sie das ausgewählte Motiv vom Vorlagenbogen mit Hilfe von Transparentpapier und einem weichen Bleistift ab.

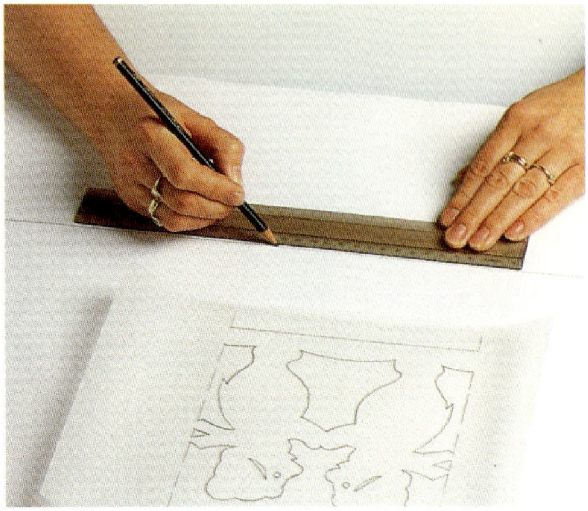

2 Messen Sie die Höhe und die Breite des ausgewählten Motivs (siehe Vorlagenbogen), und tragen Sie diese Maße so oft auf das Tonpapier ab, bis Sie die gewünschte Länge Ihres Bandornaments erhalten.

3 Unter leichtem Druck fahren Sie mit einer spitzen Schere über die späteren senkrechten Knickstellen – ein Lineal ist dabei der ideale Helfer! Ihr Tonpapier läßt sich an diesen Stellen dann leichter und exakter falten.

4 Falten Sie das Papier zu einer „Ziehharmonika“, wobei das Deckblatt von links zu öffnen sein muß.

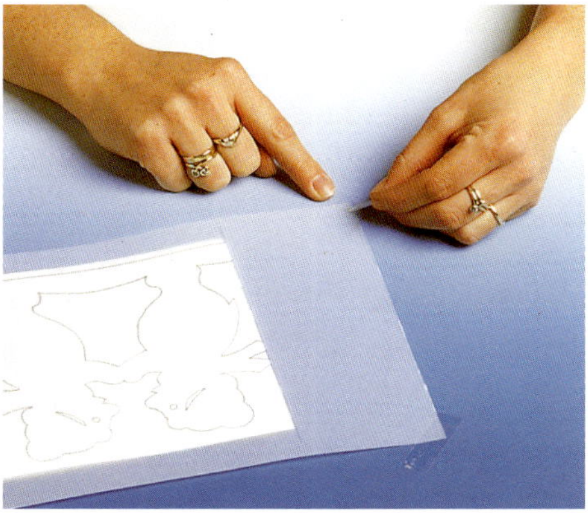

5 Legen Sie das Transparentpapier mit dem aufgemalten Motiv ganz exakt auf das passend gefaltete Tonpapier. Damit das Transparentpapier nicht verrutscht, heften Sie es am besten mit einigen Klebestreifen auf Ihrer Arbeitsunterlage fest.

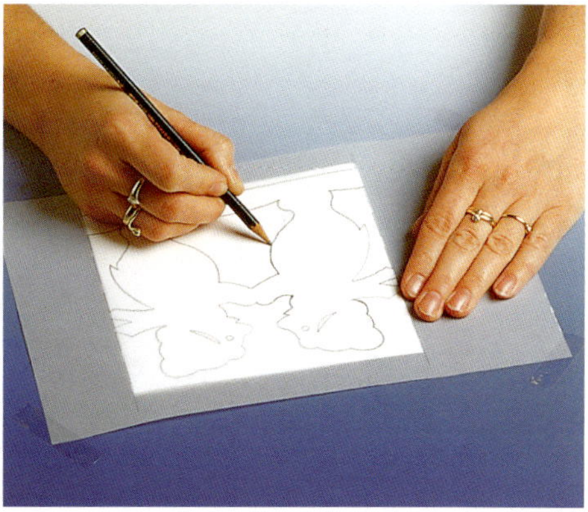

6 Die Konturen des Motivs werden mit einem spitzen, harten Bleistift nun nochmals unter leichtem Druck nachgefahren - bei diesem Arbeitsgang werden die Formen im Tonpapier „eingedrückt".

7 Schneiden Sie das Motiv mit einer spitzen Schere oder einem Bastelmesser aus; Kinder verwenden eine Kinderschere. Die Augen werden aufgemalt oder mit einer Lochzange ausgestanzt.

8 Das linke und das rechte Ende des auseinandergefalteten Bandornamentes arbeiten Sie noch etwas nach (z.B.: Hände werden abgerundet, Sterne werden zugespitzt, usw.).

Weiße Weihnacht

Lichterketten

Stimmungsvolle Weihnacht

Ganz in Rot

Weihnachtsreigen

Weihnachtsgrüße

Winterfreuden

Lebkuchenmänner

Himmlischer Paketdienst

Tannengirlanden

Nikolaustag

Kerzenlicht

Tiere im Winter

Himmlische Boten

Fröhliche Weihnacht!

Nikolausstiefel

Morgen kommt der Weihnachtsmann

Kerzenzeit

Adventskaffee

Winterzeit

Das große Weihnachtsläuten